VÉRITABLES

ENGRAIS CHIMIQUES

SYSTÈME DE M. G. VILLE

NOTICE

SUR LEUR MODE D'EMPLOI

LOUIS AVRIL

NANTES, MARSEILLE

Usines à Nantes, Marseille et Porquerolles.

VÉRITABLES ENGRAIS CHIMIQUES

COMPOSÉS D'APRÈS LES DERNIÈRES FORMULES

DE M. G. VILLE

Engrais complet	N° 1 et 1'	**Blé, Orge, Avoine, Seigle. Chanvre, Prairies naturelles, Colza, Sarrazin.**
—	N° 2	**Betteraves, Carottes, Jardinage, Choux à Vache, Houblon.**
—	N° 2	**pour Betteraves (Saccharigène).**
—	N° 2 int.	**pour Betteraves.**
—	N° 3	**Pommes de terre.**
—	N° 3 BIS	**pour Pommes de terre.**
—	N° 4 et 1'	**Vignes, Arbres et Arbustes.**
—	N° 5	**Navets, Rutabagas, Topinambour, Sorgho, Maïs, Cannes à sucre.**
—	N° 5 BIS	**Coton, Sésame.**
—	N° 5 int.	**Canne à Sucre.**
—	N° 6	**Colza.**
Engrais incomplet	N° 1	Pour les plantes du N° 1 complet (Voir la brochure).
—	N° 2	**Fèves, Haricots, Riz, Trèfle et Sainfoin, Vesces, Luzerne et Prairies Artificielles.**

Engrais divers selon les formules données par les personnes qui les désirent.

VÉRITABLES

ENGRAIS CHIMIQUES

PRÉPARÉS

d'après les formules de M. G. VILLE

PAR

M. LOUIS AVRIL

INSTRUCTION

SUR LA COMPOSITION ET LA MANIÈRE D'EMPLOYER LES ENGRAIS CHIMIQUES

AVEC L'INDICATION DES PLANTES AUXQUELLES ON LES APPLIQUE.

Il a dû certainement arriver à d'autres qu'à nous de ne pas être toujours satisfaits des résultats obtenus par l'emploi des engrais chimiques du commerce. En cherchant avec soin la cause de nos insuccès, nous avons trouvé qu'elle venait, tantôt de ce que les engrais qu'on nous avait vendus n'avaient pas la composition indiquée par M. G. Ville (1), et d'autres fois de ce que

(1) M. G. Ville doit, à juste titre, être considéré non-seulement comme le propagateur, mais encore comme le véritable inventeur des engrais chimiques. Il ne suffit pas, en effet, d'entrevoir qu'une chose est utile, il faut le démontrer et la rendre pratique; or, c'est ce qu'a fait pour les engrais chimiques l'illustre professeur du Muséum de Paris. C'est donc à lui que doit revenir l'honneur d'avoir créé une industrie utile au plus hau point et qui donne déjà par année, en France, plus de cinq cent millions de francs d'un produit inconnu jusqu'à lui.

les éléments dont ils étaient formés avaient été empruntés à des corps qui les donnaient à un état non assimilable par les plantes. Nous avons dès lors compris que, pour avoir constamment des engrais bien composés, nous devions les préparer nous-même en nous conformant bien exactement aux prescriptions formulées par le maître, et que c'était le seul moyen de fournir aux personnes qui s'adressent de préférence à nous, des engrais exempts de tout reproche. Nous nous sommes, en conséquence, attaché, pour ces préparations, un chimiste habile chargé de la partie scientifique et analytique, et n'ayant aucun intérêt à remplacer, par économie, telle substance reconnue meilleure, mais d'un prix plus élevé, par une autre, parce qu'elle serait à plus bas prix. Car, en agriculture plus qu'en toute autre industrie, la première des économies consiste à préférer ce qu'il y a de mieux. C'est la règle que nous nous sommes imposée.

Les plantes étant des êtres vivants, elles ont, comme les animaux, besoin d'un aliment approprié à leur nature. On les a distribuées en plusieurs catégories, pour chacune desquelles il a été composé un engrais spécial dont tous les éléments doivent être assimilables. C'est là tout le secret de la science des engrais chimiques.

Passe-t-on de la théorie à la pratique? L'emploi des engrais soulève deux sortes de questions :

1° Une question technique :

D'après quelle règle doit-on composer les engrais pour les approprier aux besoins de chaque plante?

2° Une question de profit :

Que gagne-t-on avec les engrais chimiques et à quelles conditions gagne-t-on?

Nous allons, dans ce qui va suivre, envisager la question des engrais sous ces deux aspects différents : les règles qu'il faut suivre, et le profit qu'ils procurent.

Louis AVRIL.

LES ENGRAIS CHIMIQUES.

LEURS FORMULES.

Il est établi que, dans la partie connue de notre globe, la production du sol n'est pas même le cinquième de ce qu'elle serait, si les connaissances en agriculture y étaient mises en pratique. La terre pourrait donc suffire pour nourrir cinq fois plus d'habitants qu'elle ne le fait aujourd'hui.

En France, dans l'une des contrées les plus éclairées, la production est à peine la moitié de ce qu'elle pourrait être. Le froment, par exemple, ne rend en moyenne que 14 hectolitres par hectare, alors qu'il dépend du cultivateur de porter son rendement à 30 hectolitres. Le moyen d'atteindre ce résultat est tout simplement de fumer plus abondamment la terre, et surtout plus rationnellement.

Les agriculteurs sont tous d'accord sur un point, la nécessité du fumier. Sans fumier, la terre s'épuise bientôt et devient stérile; avec du fumier, au contraire, la terre épuisée retrouve sa fertilité perdue. Pas de doute donc, le fumier est la source des récoltes. Sans lui, il n'y a pas de succès durables, pas de profits soutenus. Un second point, sur lequel on est unanime, c'est la pénurie du fumier. *On n'en produit jamais assez.* D'un autre côté, nos marchés, pour ne parler que de la France, sont ouverts à l'étranger, nous sommes forcés de lutter avec le monde entier, et dès lors nous sommes dans l'obligation, pour supporter la concurrence, de pousser le rendement de toutes nos cultures à leur limite la plus élevée. Comment sortir de cette situation, en apparence sans issue?

La science va nous l'apprendre.

La chimie est parvenue à connaître la composition intime des plantes et par conséquent à savoir ce qu'il faut leur donner; elle a réussi à découvrir, au sein du fumier, les éléments qui en constituent la partie active, qui sont à son égard ce qu'est la quinine au quinquina, ce qu'est le métal relativement au minerai. D'autre part, le commerce et l'industrie ont pu livrer ces éléments à un prix inférieur à celui du fumier. Il est évident, dès lors, que les anciens systèmes de culture, dans lesquels on n'emploie que du fumier ordinaire, devront désormais se modifier, recourir en tout ou en partie aux engrais fabriqués par l'industrie.

Avec les nouveaux agents, on acquiert une liberté à peu près sans limite; il ne peut plus être question d'améliorations lentes et *progressives;* celles-ci sont *immédiates, soudaines et incomparablement plus économiques.*

La découverte et la fabrication industrielle des engrais chimiques a réalisé tout ce qu'on pouvait désirer à cet égard.

L'emploi général du fumier de ferme, formé de paille et des déjections d'animaux, ne restitue au sol que quelques-unes des substances nécessaires aux végétaux et que ceux-ci lui ont enlevées.

Comme le disait récemment M. Ville, le fumier qui vient du sol ne saurait lui restituer à la dose voulue ce que réclame chaque plante. Si la terre qui l'a produit ne contient pas de phosphate de chaux, par exemple, elle ne pourra l'acquérir par le fumier. Quoi qu'on fasse, la terre conservera son premier caractère. Si vous aviez une terre à seigle et à sarrazin, elle restera une terre à sarrazin et à seigle, et celui qui l'exploite, dont la condition est liée aux produits qu'il en retire, ne pourra l'améliorer au delà d'une mesure infiniment restreinte.

Mais ce n'est pas tout.

Pour obtenir des engrais de grands profits, il faut en varier la composition, et donner à chaque plante ou sole déterminée l'aliment qui en affecte de préférence le rendement. Supposez, par exemple, cet assolement :

Betterave,
Blé,
Trèfle,
Avoine.

Avec le fumier, cette ressource vous est interdite; votre choix doit se renfermer dans cette alternative : mettre tout le fumier dès la première année sur la betterave, ou le répartir en plusieurs fois.

Dans le premier cas, on obtient, il est vrai, un bon rendement de betteraves, mais c'est au préjudice des cultures suivantes.

Diviser l'engrais en deux ou trois doses successives? Mais alors le rendement des betteraves est forcément réduit; et comme cette culture est très-coûteuse par la multiplicité des façons qu'elle exige, la première culture se solde en perte.

Avec les engrais chimiques, les choses se passent tout autrement. On donne à chaque plante, à la dose voulue, l'élément qui lui convient de préférence, ce qui a le double avantage de réduire la dépense, tout en portant le rendement à la limite la plus élevée.

A ce point de vue, le fumier, tant vanté par les agriculteurs, n'est à vrai dire qu'un engrais incomplet, et par conséquent inférieur aux engrais chimiques, qui sont toujours complets, puisqu'on les compose et les gradue suivant les besoins des plantes auxquelles on les destine.

Autre considération, moins générale peut-être, mais non moins essentielle.

En donnant à toutes les plantes indistinctement la même fumure, on s'expose à en voir plusieurs se développer d'une manière imparfaite, ce qui favorise l'apparition de ces parasites, dont les uns sont la cause et les autres l'effet des maladies qui ont envahi successivement la plupart des végétaux utiles, tels que, en France, les pommes de terre, les vignes, le mûrier; et aux colonies, la canne à sucre, qui est décimée par trois ou quatre parasites différents : le borer, le pou à poche, et un champignon microscopique qui se développe à l'aisselle des feuilles.

Chaque catégorie de plantes réclame son engrais spécial et complet.

C'est pour éviter ces écueils et satisfaire aux différentes exigences, que M. G. Ville a été amené à préparer les divers types d'engrais qui sont employés avec tant de succès.

Voyons d'abord quelle est la composition du fumier ordinaire.

100 kil. de fumier contiennent :

80 kil. d'eau;

14 — de parties ligneuses.

En d'autres termes, 94 kil. de parties reconnues inertes par tout le monde.

Puis viennent, il est vrai :

4 kil. représentés par de l'oxyde de fer, de la silice, du chlore, de la soude, etc.; tous produits dont les plus mauvaises terres sont surabondamment pourvues, et qui, pour ce motif, n'ont pas d'utilité pratique dans les engrais.

Toutes ces valeurs réunies ne forment qu'un total de 98 kil. — Les 2 kil. manquant, par quoi sont-ils représentés?

Par :

Azote,
Potasse,
Acide phosphorique,
Chaux.

Or, ces quatre agents, à la condition de leur être offerts sous des formes déterminées, sont les principes de l'alimentation des plantes, la condition de l'activité des engrais, la source de tous les produits de la végétation.

Les engrais chimiques étant essentiellement composés de :

Phosphate,
Potasse,
Azote,
Chaux,

il est évident que *fumier* et *engrais chimiques* ne forment qu'une seule et même chose, avec cette différence que les engrais chimiques ont vingt fois plus de force et de vertu que le fumier ordinaire, parce qu'ils sont débarrassés des matières inertes, qui ajoutent aux frais de manutention et de transport, sans rien ajouter à ses bons effets.

Cela ne veut pas dire que les autres minéraux sont inutiles; au contraire, les plantes ne peuvent s'en passer; mais du moment que la terre en est saturée, pourquoi en embarrasser les engrais?

Certains marchands d'engrais fabriqués d'une manière empirique et sans contrôle, ont cherché à faire croire à beaucoup d'agriculteurs naïfs que leur engrais, de composition inconnue et toujours variable, était non-seulement la source de la fécondité du sol, mais qu'il lui conservait sa fertilité naturelle; tandis que les engrais chimiques, ne durent, disent-ils, qu'une année, et épuisent la terre. Cette affirmation n'est ni plus vraie, ni mieux fondée que toutes celles qu'a soulevées une opposition systématique et intéressée contre la doctrine des engrais chimiques. Le temps a fait justice de toutes ces attaques, et il est aujourd'hui surabondamment prouvé que les engrais chimiques, loin d'épuiser le sol, y apportent au contraire une nouvelle source de fertilité. A l'appui de ces considérations, nous citerons les résultats obtenus par des agriculteurs sérieux. Plus de cinq cents expériences comparatives, faites avec soin, ont démontré qu'à dépense égale, le froment, par exemple, avec l'engrais chimique, produit en moyenne 29 hectolitres de grains par hectare, alors que le fumier de ferme ne produit que 21 hectolitres, et coûte le double.

Pour la betterave, l'engrais chimique a produit en moyenne 51,948 kil. de betteraves à l'hectare, alors qu'avec le fumier la récolte n'a été que de 41,811 kil.

Même conclusion pour la pomme de terre : 1,000 kil. d'engrais chimiques ont produit 22,726 kil. de tubercules (349 hectolitres à l'hectare), tandis que 39,946 kil. de fumier de ferme ont fourni 13,559 kil. de pommes de terre (soit 283 hectolitres à l'hectare).

M. Autier, qui dirige avec une rare distinction la ferme de Saint-Denis, près de Lechesne, dans les Ardennes, écrivait :

« Les résultats que j'obtiens à l'aide des *engrais chi-*
« *miques*, à dépense égale, dépassent de 30 p. 100 ceux
« que j'obtiens par l'emploi du fumier de ferme. »

M. Debain, ingénieur civil, cultivateur à Saint-Remi, dans le département de Seine-et-Oise, n'est pas moins explicite.

Aux fermiers de la Beauce, qui cultivent de vastes espaces fumés avec parcimonie, il dit : « Concentrez « votre fumier sur la moitié de vos terres; pour les au- « tres, *ayez recours aux engrais chimiques, et vous doublerez* « *vos produits.* »

Le doyen de l'agriculture, par l'âge, le savoir et la notoriété, le vénérable M. Schattemann va plus loin.

« La France, dit-il, doit avoir hâte de s'approprier, « dans les limites du possible, l'usage des engrais chi- « miques, afin d'être en situation de pourvoir à ses pro- « pres besoins et de ne pas être devancée par les autres « nations. »

D'OU VIENT LE PROFIT EN AGRICULTURE.

La partie technique de notre sujet se trouvant éclairée par ce qui précède, nous passons à la seconde partie : à l'origine du profit en agriculture.

Dans une conférence remarquable, publiée dans la *Revue scientifique*, M. Ville a résolu cette question d'une manière irréfragable. Sa démonstration est à la fois si complète et si entraînante, que nous demandons à nos lecteurs la permission d'en placer lès principaux passages sous leurs yeux.

A cette première question : D'où vient le profit en agriculture? M. Ville répond :

De l'engrais.

Et il ajoute :

Ne cultivez jamais avec peu d'engrais. L'engrais, c'est la matière première de l'agriculture. Lorsque vous cultivez avec peu d'engrais, vous

vous placez volontairement dans les conditions d'un industriel qui aurait monté à grands frais une usine qu'il n'alimenterait qu'à demi de matière première; bien que pourvue des appareils les plus perfectionnés, une telle usine serait singulièrement ruineuse pour son propriétaire, chaque organe ne produisant en réalité que la moitié de ce qu'il pourrait donner. La conséquence serait de doubler les frais de toute nature.

Chauffage des machines, surveillance, frais de premier établissement, amortissement, frais généraux, viendraient charger en pure perte de 50 p. 100 le produit effectif.

Il en est de même en agriculture. Ne produire que 14 hectolitres de blé à l'hectare, lorsqu'il est possible par un supplément d'engrais d'en obtenir 30, c'est commettre la même faute, attendu que les frais généraux, les labours, les impôts, restent les mêmes, et que la récolte se trouve grevée de tous les frais qu'aurait supportés l'excédant de 15 hectolitres qu'on n'a pas obtenu.

Pour établir une connexité plus intime entre le travail agricole et le travail industriel, on peut dire que la plante est la machine; la terre, l'assise qui la supporte; l'engrais, la matière première; et le soleil, la force qui anime tout le système.

Vous voyez immédiatement comment se définit, dans son ensemble et dans ses particularités les plus intimes, le caractère de la production en agriculture : soleil, terre, engrais. Peu d'engrais, peu de récolte; alors les frais généraux absorbent les produits. Beaucoup d'engrais, grandes récoltes; alors les frais généraux diminuent en raison de l'accroissement du produit.

Ce premier point établi, M. Ville passe au deuxième terme de la question : le fumier de ferme est-il le premier des engrais, comme certains le prétendent? Que gagne-t-on à n'employer que du fumier, d'après les règles du passé? A-t-on du moins la satisfaction de gagner beaucoup? Fait-on fortune?

L'éminent professeur répond :

Ici je suis à mon aise. Les témoignages abondent; j'ai l'embarras du choix. Forcé de me restreindre, ceux que j'invoquerai seront du moins sans appel.

J'emprunterai le premier à l'un des plus grands hommes, au plus complet peut-être que la France ait produit : Lavoisier, le créateur de la chimie moderne.

Vous savez, messieurs, que Lavoisier n'était pas seulement le premier chimiste de son temps, mais qu'il possédait de plus les facultés de l'homme d'État. Fermier général, à une époque où la France avait des financiers, Lavoisier fit preuve dans ses fonctions des plus rares aptitudes administratives. Son traité sur la richesse territoriale de la France, dont la Constituante décréta l'impression aux frais de l'État, en est une preuve bien manifeste.

Entraîné par la nature de ses travaux à s'enquérir des questions agricoles, Lavoisier voulut en avoir le cœur net, et pour pénétrer jusqu'aux derniers intérêts que l'exploitation du sol met en jeu, il se fit à la fois agriculteur exploitant pour son propre compte et fermier pour le compte d'autrui. Pour cela, il acquit une propriété entre Blois et Vendôme, d'à peu près 80 hectares, et s'intéressa à mi-part dans diverses exploitations qui ne s'étendaient pas à moins de 190 hectares. Il fit plus, il afferma une dîme qui l'intéressait dans presque toutes les exploitations de la contrée.

Eh bien ! après huit ans d'études, de comptes, d'expériences et de calculs, quelle fut la conclusion de Lavoisier? Ecoutez! cette fois ce n'est pas moi qui parle, c'est Lavoisier. Devant cette grande figure et l'étendue des intérêts en jeu, ma voix sent le besoin de passer au second rang. — Qui pourrait avoir la prétention de traduire la pensée de Lavoisier, lorsque lui-même nous en a laissé l'expression empreinte de sa souveraine origine?

Je vous en conjure, messieurs, écoutez ! je cite textuellement :

« Après huit années d'exploitation, j'ai obtenu une augmentation considérable en subsistance pour les bestiaux, une grande abondance de paille et de fumier, mais PEU D'AUGMENTATION SUR LE PRODUIT EN ARGENT.

« Les progressions en agriculture sont excessivement lentes; mais ce que j'ai reconnu avec peine et appris à mes dépens, c'est que, QUELQUE ATTENTION, QUELQUE ÉCONOMIE QU'ON PUISSE APPORTER, ON NE PEUT PAS ESPÉRER 5 P. 100 DE L'INTÉRÊT DE SES AVANCES.

« Quand on n'a pas été porté à réfléchir sur ces objets, quand on n'a pas suivi de près les travaux de la campagne, rien ne semble plus aisé que de ranimer une agriculture en souffrance, et l'on se persuade qu'il ne faut pour cela que des bestiaux et de l'argent. Mais lorsque de la théorie on passe à la pratique, le résultat auquel on arrive est que le propriétaire, du moins dans les conditions où je suis placé, emporte entre un quart et un tiers de la récolte, que les droits en emportent une part presque égale, et que ces sommes prélevées, il reste environ un tiers au cultivateur pour son entretien, sa nourriture, les frais d'exploitation, le remboursement de l'intérêt de ses avances, et ses dépenses de toute espèce.

« Enfin, ce que ce tableau présente de plus affligeant, c'est qu'avec une agriculture languissante, telle qu'est celle de la plus grande partie des provinces de France, il ne reste, à la fin de l'année, presque rien au malheureux cultivateur; qu'il s'estime heureux lorsqu'il a pu mener une vie chétive et misérable, et que si pendant les années abondantes il a pu faire quelques économies, elles sont bientôt absorbées dans les années médiocres et stériles (1). »

Bref, Lavoisier opérant avec toutes les ressources que donne une grande fortune, avec les habitudes d'ordre d'un savant qui a été un des plus grands maîtres dans l'art d'appliquer les méthodes scientifiques, nous mène à cette conclusion qu'il faut beaucoup d'argent pour arriver à un mince résultat, que l'exploitant est malheureux, et que le capitaliste ne peut prétendre à un intérêt de 5 pour 100 pour ses avances.

Mais, me direz-vous, ce sombre tableau se rapporte à un état de choses maintenant loin de nous. Aujourd'hui il n'en est plus de même. Aujourd'hui on gagne beaucoup, les bénéfices agricoles ne le cèdent pas à ceux de l'industrie.

Pour vous édifier, je citerai donc des exemples plus récents. Et, certes, ceux que je vais invoquer, pour émaner d'une source moins haute, n'en sont pas moins décisifs dans leurs affirmations.

Je prendrai comme second exemple Mathieu de Dombasle.

Vous connaissez certainement l'histoire de cet homme de bien, qu'inspira dans la pleine maturité de l'âge une pensée de dévouement et de sacrifice. Ancien élève de l'École polytechnique, Mathieu de Dombasle entreprit un des premiers la fabrication du sucre de betterave. Il y éprouva des revers de fortune. C'était en 1823, lorsqu'on commençait à introduire dans la culture le trèfle et les plantes sarclées. S'exagérant l'importance des avantages qu'on pouvait en retirer à cette époque, où l'on n'avait que des idées incertaines et vagues sur les agents de la nutrition des plantes, Mathieu de Dombasle résolut de montrer par un exemple, que les plus humbles pourraient imiter, qu'à l'aide d'un faible capital on peut améliorer à bref délai les plus mauvaises terres et en porter les rendements au ni-

(1) Lavoisier, grande édition nationale, t. II, p. 812.

veau des meilleures. Persuadé que l'alternance des cultures était un moyen tout-puissant d'améliorations, il voulut en fournir une démonstration pratique sans appel. Préoccupé uniquement du bien qu'un tel exemple devait produire, n'ayant en vue que la prospérité du pays, il n'hésita pas, lui l'homme du monde, il se fit simple fermier, opérant avec un petit capital emprunté à des tiers, se plaçant ainsi volontairement, pour donner à son exemple plus de généralité, dans les conditions du plus grand nombre des cultivateurs.

Il prit donc à bail la ferme de Roville, qui a été appelée depuis l'institut de Roville. Et là, pendant dix ans, tout ce que le dévouement, tout ce que l'application la plus savante de tous les instants peut réaliser de soins, de bonne entente dans l'économie d'une ferme, Mathieu de Dombasle l'a fait.

Eh bien ! quel a été, messieurs, le résultat de cette tentative ?

Parlons d'abord du résultat cultural, du rendement des récoltes; il a obtenu :

	Rendement à l'hectare.
Froment.	14 hectolitres.
Colza.	11,30 —
Betteraves.	17475 kilogrammes.
Foin.	3105 —

Et le résultat financier? Avec de tels rendements, il est facile à prévoir; je cite textuellement la balance des comptes pour les mêmes cultures :

	Dépense.	Produit.
Froment	294 fr.	307 fr.
Colza.	253	255
Betteraves.	305	383
Foin.	175	141

A part la betterave, tous les comptes se soldent en perte, et si la betterave fait exception, c'est qu'à Roville on possédait une distillerie, à laquelle on faisait payer 25 francs les 1000 kilogrammes de racines, prix supérieur au taux commercial.

Avec une bonne foi qui l'honore, Mathieu de Dombasle nous a laissé le bilan complet des huit premières années de sa gestion, de 1824 à 1832. Ces deux lignes en résument les résultats :

Perte.	42860 fr. 20
Profit.	14030 59
Perte.	28829 fr. 61 (1).

Rendement précaire ; pertes inévitables.

Mais si Mathieu de Dombasle n'a pas réussi, quel est donc le présomptueux qui aurait la prétention de réussir en suivant les mêmes errements, en n'opérant qu'avec le fumier et le bétail ?

Passant successivement en revue les résultats obtenus à l'institut de Grignon et à la ferme expérimentale de Bechelbronn, dirigée par M. Boussingault, et où l'on ne cultive qu'avec du fumier, M. Ville montre que partout les bénéfices sont extrêmement réduits, lorsque l'opération ne les balance pas décidément en perte. Aussi ajoute-t-il :

Que devient, en face de ces témoignages unanimes en leur signification, la formule sacramentelle : prairie, bétail, céréales? L'expression de ce qui fut en son temps un grand progrès, un souvenir respectable, les dépouilles d'un fossile monumental dont la vie s'est retirée.

Mais alors comment le problème doit-il être posé, et comment doit-il être résolu? Un mot, un seul le résume :

Cultiver avec le secours de beaucoup d'engrais.

La culture par le fumier ne répond ni aux nécessités de notre temps, ni aux exigences de notre état social. Elle n'est pas rémunératrice pour l'exploitant. A la société, elle ne donne pas la sécurité. Qui pourrait avoir la prétention de faire mieux que Lavoisier, de réussir là où Mathieu de Dombasle, Bella et Boussingault ont échoué? Le prétendre serait le comble de l'outrecuidance, et le tenter un aveu implicite de déraison.

Voulez-vous que la culture soit rémunératrice, ne dites jamais : je vais faire du fumier, dites : je vais fumer à haute dose. Manquez-vous de fumier? Achetez des engrais, tirez-en du dehors.

Dans aucun cas, dans aucun, la production du fumier ne doit être le

(1) *Annales de Roville*, t. VIII, p. 37.

point de départ. C'est un élément subordonné du problème agricole. Le point de départ judicieux, raisonnable, la condition du succès, c'est de donner à la terre l'engrais nécessaire pour en obtenir le maximum de récolte. Là est la source du profit, l'assurance contre les mécomptes.

Pour les produits animaux, pour le pays d'herbages, le résultat est-il aussi sûr? Aussi sûr! Voici ce que m'écrit à ce propos un agriculteur émérite du Calvados, M. Ad. Wielbien, qui a mis ses herbages au régime des engrais chimiques.

Je cite textuellement :

« J'attendais, pour vous remercier de vos conseils, que l'expérience eût prononcé sur le mérite de vos dernières formules d'engrais.

« Le succès est des plus complets. J'ai obtenu en quantité de l'herbe, qui a atteint 1m,20 de hauteur, dans les prés. Dans une pièce de 5 hectares (pas de très-bonne qualité et herbée seulement de la seconde année), j'ai mis 28 bœufs, qui y sont nourris plantureusement depuis trois semaines, sans qu'ils se soient rendus maîtres de l'herbe et du trèfle. J'ai mis de l'engrais chimique sur environ 20 hectares d'herbage, et partout une herbe luxuriante engraisse parfaitement le bétail.

« J'ai 61 bêtes à cornes sur la propriété, dont 40 bœufs, et je pourrai en nourrir le double avec ma surabondance d'herbe.

« J'espère qu'en employant votre nouvelle formule pendant deux années encore, j'arriverai à élever la puissance productive de la terre au niveau des meilleurs pâturages du pays, en combinant les effets tant de l'engrais chimique que de la fumure des animaux nourris sur place, en plus grand nombre bien entendu.

« La ferme se compose de 35 hectares tout en herbage, dont 20 ont reçu de l'engrais chimique.

« Je remarque que les animaux donnent la préférence à l'herbe fumée avec votre formule et qu'ils engraissent mieux. Cela est dû très-probablement à la présence du chlorure de potassium dans l'herbe, sel qui doit être un succédané du chlorure de sodium, le sel marin, dont ils sont si friands.

« On fauche en ce moment un pré dont l'herbe est remarquable : elle s'étale en monceaux sous la faux, et les faucheurs, qui ne reviennent pas de leur surprise, me disent qu'il y a deux ou trois fois autant d'herbe que dans une bonne récolte d'excellents prés ; au reste, la balance indiquera bientôt le rendement exact, que je m'empresserai de vous communiquer. »

Qu'ajouterais-je à ce témoignage?

Il est donc vrai que vous pouvez à votre choix, sans accroître l'étendue affectée à la prairie, doubler le nombre des animaux, ou maintenir intacte votre population animale, et réduire de moitié la prairie pour y substituer des cultures industrielles.

Quelle est de ces deux solutions la meilleure? Ceci n'est ni une question de doctrine, ni une question de principe, c'est une question de convenance, de situation et d'opportunité.

La règle, la seule, c'est la nécessité de fumer à haute dose pour avoir du profit.

Le jour approche où le véritable fumier, le principal, ne se fera plus dans la ferme, mais dans ces usines aux vastes flancs aux cheminées monumentales, où les phosphates de l'Estramadure ou du Canada, désagrégés et rendus assimilables, seront mariés à la potasse des granits ou des mines de Stassfurth, au nitrate de soude du Pérou, au sulfate d'ammoniaque, de façon à mettre chacun à même d'obtenir, en petit comme en grand, le maximum de récoltes que la terre peut produire; et ainsi s'accomplira sans secousse, paisiblement et avec la calme majesté d'un grand fleuve qui roule ses eaux vers la mer, cette révolution, de laquelle les masses recevront cette fois leur véritable émancipation par la vie à bon marché!

En résumé, l'agriculture doit faire des récoltes, l'industrie des engrais : c'est notre drapeau, nous le maintenons haut et ferme, parce que ses plis flottent au-dessus des préjugés de la routine, des préventions de l'esprit de parti, et qu'il est le symbole d'un ordre de choses nouveau, dont la conquête de la vie, sous toutes les formes, sera le souverain résultat.

Voulez-vous que de ces fiers sommets où la grandeur du but que nous poursuivons m'attire, je revienne aux réalités de la pratique dans la sphère des plus humbles intérêts?

Les conseils que je donnais récemment à un brave officier, qui se retirait du service pour se faire agriculteur, vont m'en fournir les moyens.

Il me demandait un plan de culture. Voici quelle fut ma réponse :

Il faut que vous soyez en apparence l'agriculteur le plus gueux de votre canton, et qu'en réalité vous obteniez les plus belles récoltes; gardez-vous de bâtir; pas d'achat de bestiaux, juste le nécessaire pour préparer la terre et pourvoir aux besoins du ménage. Le blé réussit chez vous, me dites-vous, faites du blé sur toute la ligne. Avec du grain vous ferez de l'argent, et il vous restera un bon approvisionnement de paille; vous avez quelques hectares de prairies basses, fumez à haute dose, et lorsqu'à votre réserve de paille vous aurez ajouté une réserve de foin, alors le moment sera venu de vous préoccuper du bétail, et de fixer la mesure dans laquelle vous devrez en avoir. Pour le moment, n'immobilisez rien : l'argent est la première des forces. Labourez bien et profondément, semez vos céréales en lignes à 30 centimètres; sarclez-les avec une petite houe à cheval; faites, à l'exemple d'un agriculteur des plus éclairés du midi, M. Petit, de Toulouse, une plante sarclée du froment. On rira peut-être; laissez rire. A la moisson, c'est vous qui rirez le dernier...

Comme Lavoisier le dit justement, et comme le bon sens l'indique, lorsqu'on veut suivre le procédé opposé, débuter par le bétail, et qu'on manque de nourriture, une année de sécheresse suffit pour vous ruiner.

Vous n'avez alors devant vous que deux alternatives : vendre votre bétail à vil prix, ou acheter des fourrages à des prix exorbitants.

Lorsque, tout bien pesé, on donne la préférence à la production de la viande sur les denrées végétales, il faut avant toute chose se créer des ressources de nourriture au moyen d'engrais achetés au dehors, se mettre par là à l'abri de toute éventualité, rester maître de son opération et ne rien craindre de l'avenir. Il faut défendre son capital, l'immobiliser le moins possible, assurer sa liberté d'action. En d'autres termes, faire de l'agriculture en industriel, au lieu d'être un serf enlacé, dominé et courbé sous la formule surannée et féodale : *Prairie, bétail, céréales,* qui a fait son temps, et ne revivra pas!

C'est mon dernier mot.

De bonne foi, que pourrait-on ajouter?

Aux retardataires qui en sont encore à la culture par le bétail, nous recommandons la lecture d'un document publié par le *Journal d'agriculture pratique* du 2 janvier sur le prix de la viande en Angleterre.

On lit : « Sur le marché métropolitain, les sortes in« férieures de bœuf valent, 0f,55c la livre, les animaux « de premier choix (prime) 0f,90c, — soit en moyenne « 0f,70c; le mouton 1 franc. Or, ajoute l'auteur, si l'on « rapproche de ces prix le chiffre et la rente de la terre, « du salaire des bergers, des hommes d'étable et de « charrue, si l'on calcule ce que coûtent le logement,

« la literie, la nourriture, les soins, l'assurance dont le « prix est très-élevé depuis quelques années, frais aux- « quels il faut ajouter le prix du transport au marché « métropolitain, il est évident qu'une moyenne de 0f,70c « par livre de bœuf ne paye pas les frais et risques, et « QUE LE FUMIER CONSIDÉRÉ COMME COMPENSATION RE- « VIENT A UN PRIX HORS DE PROPORTION AVEC LES RISQUES « COURUS... »

Pour fumer suffisamment et partant cultiver avec bénéfice et dominer la crise qui se prépare, l'agriculteur n'a plus qu'un moyen : les engrais chimiques.

L'extension des prairies artificielles ne peut être qu'un expédient temporaire. Ne sait-on pas que leur succès est grandement compromis dès qu'on les fait revenir trop souvent sur la même terre ?

Pour parer au désarroi général qui nous menace et assurer en même temps la production de viande dont on ne peut se passer, on a proposé l'importation des fourrages comprimés à la presse hydraulique. Mais ce moyen étant lui-même trop onéreux et insuffisant, à l'importation du fourrage on a substitué l'importation des conserves de viande, légumes, lait, fromage ; il y en a de toutes sortes, de toutes provenances, pour toutes les bourses et pour tous les goûts.

Mais le moyen est devenu lui-même insuffisant, et l'on se prépare à importer cette fois les bœufs vivants, en chair et en os, du Mexique et de la Plata.

Quel témoignage de l'insuffisance de nos moyens de production ! Le nier serait fermer les yeux à la lumière, méconnaître la fécondité des nouvelles méthodes de culture, condamner de gaieté de cœur à la ruine la première des industries!

Il n'y a plus d'autre alternative pour l'agriculture aujourd'hui, que de cultiver sans fumure suffisante et avec perte, ou d'employer les engrais chimiques.

Dans une telle occurence, le choix ne peut être douteux.

LA

CULTURE COLONIALE.

LA CANNE A SUCRE.

Si ces principes d'une vérité saisissante ont un théâtre prédestiné, c'est à coup sûr aux colonies. Là, la culture par le bétail ne serait pas un non-sens, elle serait une véritable folie.

A part les récoltes de maïs, de bananes et de racines féculentes pour la consommation locale, la culture coloniale ne porte que sur des plantes industrielles, la canne, le tabac, et les deux arbustes si précieux qui donnent le café et le cacao.

Par l'extension qu'elle a reçue, par les grands profits qu'elle procure depuis la création des usines centrales, la culture de la canne prime aujourd'hui toutes les autres cultures. Aussi a-t-elle fait de la part de M. G. Ville l'objet d'une étude tout exceptionnelle.

Dans les conférences de 1872 au champ d'expériences de Vincennes, le savant professeur a fait connaître des résultats d'une importance capitale. D'après ses dernières observations, il est démontré qu'en réglant la composition des engrais chimiques d'après certaines données nouvelles, on peut obtenir à la fois des récoltes d'un rendement très-élevé et des plantes d'un titre saccharimétrique jusqu'ici inconnu. Déjà dans les conférences de 1868, M. Ville avait rapporté l'exemple de deux cultures de canne, dont la richesse saccharine avait accusé un écart de 8 p. 100.

Sur la betterave, des résultats non moins significatifs ont été obtenus en 1872.

En prenant la moyenne de plus de cinquante analyses, la richesse des racines se traduit ainsi :

Racines du poids de gram.	Sucre p. 100 du poids de la racine.
1.600	12
1.200	16
800	20

soit, en moyenne, 16,5 p. 100 du sucre.

Après un séjour de plusieurs mois dans un silo, et lorsque les racines commençaient à bourgeonner, elles ont encore accusé cependant :

Racines du poids de gram.	Sucre p. 100 du poids de la racine.
1.800	12
1.200	16
800	18

Les personnes auxquelles la fabrication du sucre est familière savent que pour apprécier exactement la valeur industrielle des betteraves, il faut prendre en considération deux choses :

Le titre saccharimétrique,

Le titre salin.

Les sels solubles qui accompagnent le sucre dans le jus de betterave gênent, s'ils n'empêchent absolument, la cristallisation du sucre. On estime qu'au raffinage, 1 de sel empêche la cristallisation de 4 de sucre. Les sels frappent donc d'une non-valeur véritable la qualité des betteraves qui en sont chargées.

A ce point de vue, les tableaux suivants, dont les éléments émanent d'un savant chimiste très-versé dans ces sortes de travaux, M. Pagnoul, professeur de chimie et secrétaire perpétuelle de la Société d'agriculture du Pas-de-Calais, à qui M. Ville avait livré quelques types provenant de la culture expérimentale de Vincennes, portent avec eux un bien grave enseignement.

BETTERAVES PROVENANT DU CHAMP D'EXPÉRIENCES (1) DE VINCENNES.

LOT N° 1.

	Poids des betteraves.	Densité du jus.	Sucre p. 100 de betterave.	Sels p. 100 de sucre.
N° 1.	gr. 1.629	1.054	10,1	6,6
N° 2.	1.354	1.060	11,9	5,9
N° 3.	1.107	1.070	14,3	3,2
N° 4.	702	1.073	15,2	1,9
N° 5.	457	1.074	15,0	2,1

MOYENNE AU MOIS DE JANVIER.

SUCRE : 13,3 P. 100 des racines.
SELS : 3,9 P. 100 du sucre.

LOT N° 2.

N° 1.	gr. 1.705	1.059	11,4	6,4
N° 2.	1.288	1.083	16,1	2,8
N° 3.	1.129	1.080	16,3	2,4
N° 4.	798	1.079	15,3	4,5
N° 5.	309	1.092	17,9	2,3

MOYENNE AU MOIS DE JANVIER.

SUCRE : 15,4 P. 100 des racines.
SELS : 3,6 P. 100 du sucre.

LOT N° 3.

N° 1.	gr. 1.803	1.069	12,5	4,3
N° 2.	1.121	1.060	13,0	3,3
N° 3.	685	1.063	15,4	1,3
N° 4.	612	1.079	17,2	1,4

MOYENNE AU MOIS DE JANVIER.

SUCRE : 14,5 P. 100 des racines.
SELS : 2,6 P. 100 du sucre.

(1) *Revue scientifique des cours*, janvier 1873.

BETTERAVES PROVENANT DES CULTURES INDUSTRIELLES.

	Poids de la racine.	Densité du jus.	Sucre p. 100 de racine.	Sels p. 100 de sucre.
	gr.			
N° 1.	3.677	1.042	7,3	11,6
N° 2.	1.500	1.050	9,2	9,6
N° 3.	1.240	1.047	8,0	11,5
N° 4.	1.197	1.043	8,8	10,8
N° 5.	1.193	1.041	6,0	21,8
N° 6.	804	1.042	6,6	19,6
N° 7.	758	1.043	8,8	10,8

MOYENNE AU MOIS DE JANVIER.

SUCRE : 7,8 P. 100 des racines.
SELS : 13,6 P. 100 du sucre.

Ce qui, en n'ayant égard qu'aux moyennes, peut se résumer ainsi :

	Lot.	Sucre p. 100 de racine.	Sels p. 100 de sucre.
Betteraves de Vincennes. .	N° 1	13,3	3,9
	N° 2	15,4	3,6
	N° 3	14,5	2,6
Betteraves de l'industrie.		7,8	13,6

Les récoltes de ces betteraves si riches ont oscillé entre 40 et 50.000 kil. de racines par hectare.

Ces résultats si remarquables ont été obtenus avec des engrais qui contenaient :

	Par hectare.
Acide phosphorique soluble.	de 80 à 100 kil.
Azote..	80 »
Potasse..	100 »
Chaux.	mémoire.

Cet engrais diffère de l'engrais complet n° 2 et de l'engrais complet n° 2' par la dose de l'acide phosphorique, qui est de 30 kil. environ supérieure, et aussi par la forme spéciale de l'azote.

Les effets obtenus sur la canne ne sont pas moins significatifs.

Depuis cinq ou six ans, la consommation des engrais chimiques a pris aux colonies un accroissement qui ne s'est pas ralenti. Partout, aux Antilles, à Bourbon, à Maurice, à la Havane, les résultats ont dépassé toutes les espérances.

Les engrais employés jusqu'ici sont l'engrais complet n° 5 à 1.200 kil. par hectare, et l'engrais complet n° 5, condensé à 800 kil. par hectare,

L'engrais complet n° 5 à 1.200 kil. a pour formule :

	Par hectare.
Superphosphate de chaux.	600 kil.
Nitrate de potasse.	200 »
Sulfate de chaux.	400 »

Ce qui se traduit théoriquement par :

Acide phosphorique soluble.	80 kil.
Azote.	28 »
Potasse.	88 »
Acide phosphorique insoluble.	mémoire.

L'engrais condensé à 800 kil. a la même composition que le précédent; préparé à l'origine avec des superphosphates minéraux, dont le titre était majoré par l'addition de superphosphate obtenu avec du phosphate de chaux précipité, cet engrais est aujourd'hui plus spécialement fabriqué avec les nodules de Tarn-et-Garonne.

Il diffère du premier par la suppression du plâtre et l'addition d'une certaine quantité de nodules en nature.

Théoriquement, cet engrais devrait contenir dans la fumure d'un hectare :

94 kil. de potasse ou 11,75 p. 100.
28 kil. d'azote ou 3,50 p. 100.

Mais dans le commerce, le nitrate de potasse du plus haut titrage ne contenant guère que 95 p. 100 de nitrate réel, l'engrais livré à la consommation ne contient en réalité que :

Azote. . . 26 kil. au lieu de 28.
Potasse. . 88 kil. au lieu de 94.

Des résultats en très-grand nombre recueillis par M. Ville dans toutes les colonies, contrôlés depuis plusieurs années par des expériences directes sur le maïs géant, l'ont décidé à élever la dose de l'azote et de la potasse (1).

A Maurice et à la Réunion, l'expérience a prononcé; un surcroît de 10 à 12 kil. d'azote par hectare est indispensable. A la Guadeloupe, sur les cannes plantées, un surcroît de 3 kil. d'azote et de 6 kil. de potasse suffisent ;

(1) Voyez, *Revue des cours*, la conférence déjà citée.

mais pour les rejetons, M. Ville n'hésite pas, il prescrit le même excédant de 10 à 12 kil. d'azote.

De là les deux types nouveaux, condensés tous deux à 800 kil., que M. Ville désigne sous le nom d'engrais complet n° 5 et d'engrais complet intensif n° 5 (nouvelles formules).

La composition est exprimée par :

ENGRAIS COMPLET N° 5 A 800 KIL. PAR HECTARE.

(Nouvelle formule.)

	A l'hectare.	P. 100.
Acide phosphorique soluble. . . .	80 kil.	10,00
Potasse.	94 »	11,75
Azote.	29 »	3,62
Phosphate insoluble et chaux. . . .	mémoire	mémoire

ENGRAIS COMPLET INTENSIF N° 5 A 800 KIL. PAR HECTARE.

(Nouvelle formule.)

	A l'hectare.	P. 100.
Acide phosphorique soluble. . . .	80 kil.	10,00
Potasse.	94 »	11,75
Azote..	37 »	4,50
Phosphate insoluble et chaux.. . .	mémoire	mémoire

Sur la canne à sucre, les effets sont encore plus tranchés, parce que la période foliacée dure plus longtemps, et que la canne, ne donnant pas de fruit, s'accroît sans interruption jusqu'au moment de l'arrachage.

Les rejetons de la canne exigent un engrais plus chargé d'azote que les cannes de la première année, parce qu'à la reprise de la végétation, la racine a perdu une partie de ses principes nutritifs, et que les racines en partie atrophiées sont en rapport avec une terre déjà épuisée, ce qui n'arrive pas avec les cannes plantées, dont la bouture riche d'éléments nutritifs pourvoit abondamment aux besoins des premiers bourgeons, dont les racines vivantes trouvent à leur portée, dès leur premier essor, l'engrais qui favorise leur extension, et avec elle le développement de la plante.

Nous le répétons, les deux nouveaux engrais diffèrent de l'engrais complet n° 5 publié par M. Ville en 1866 par une richesse plus grande et la forme spéciale d'une partie de l'azote.

Comme nous venons de le dire, ces deux engrais sont condensés à 800 kil. Ils sont fondés sur les dernières expériences de M. Ville.

Parlons de leur prix.

L'engrais complet n° 5 (ancienne formule) est vendu à Paris 36 francs les 100 kil. à quai de chemin de fer, ce qui correspond à 38 francs sous vergue au Havre.

L'engrais complet n° 5 (formule nouvelle) sera livré à 38 francs les 100 kil. sous vergue à Marseille.

Mais, qu'on veuille bien le remarquer, il contient de plus que le premier :

Azote, 3 kil. à 3 fr. 50.	F. 10,50
Potasse, 6 kil. à 1 fr.	6 »
Total de sa plus-value. .	16,50

L'engrais complet intensif est livré par ma maison au prix de 45 francs sous vergue à Marseille; mais il contient 12 kil. d'azote et 6 kil. de potasse de plus que le condensé n° 5 (ancienne formule), vendu 38 fr. sous vergue au Havre.

Nous avons rappelé en commençant que les cannes cultivées à l'engrais chimique accusent généralement une qualité supérieure. Témoin ce passage d'un rapport de l'honorable M. de Jabrun :

« M. de Surgy envoie par mer les cannes à l'usine « d'Arbousier. Les chalands qui les reçoivent ont une « marque qu'il ne faut pas dépasser, sans quoi l'embar- « cation coulerait. Les cannes à l'engrais chimique mises « dans les chalands étaient loin d'avoir atteint cette « marque, et cependant la ligne de flottaison touchait « l'eau. A l'arrivée à l'usine, on constata un poids de « 35.000 kil., le plus fort poids des chalands pleins, « tandis que ceux-ci étaient loin de l'être. »

Mais ce n'est pas tout. Les dernières formules appartiennent à la catégorie des engrais saccharigènes. Des expériences faites avec le plus grand soin sur le maïs géant ne peuvent laisser planer aucun doute Les effets obtenus sont du même ordre que ceux produits sur la betterave. Quant au rendement, il est également plus élevé. Donc :

Excès de récolte ;

Excès de richesse.

Jusqu'à présent nous avions fabriqué nos superphosphates avec du noir de raffinerie; nous continuerons à leur donner la préférence ainsi qu'aux superphosphates d'os.

Plein de confiance dans la haute supériorité de nos nouveaux engrais, nous convions nos clients à les expérimenter parallèlement avec ceux de tous les autres fabricants, ne leur demandant de nous continuer la faveur de leurs ordres que d'autant que la récolte aura prononcé en notre faveur.

PRÉPARATION

DES ENGRAIS CHIMIQUES.

Les engrais chimiques n'étant que des mélanges de diverses substances que l'industrie livre pure ou à peu près, dont la nature, la composition et les propriétés sont toujours constantes et identiques à elles mêmes, il semblerait au premier abord que leur préparation dût être facile et à la portée de tout le monde : il en est pourtant tout autrement. Cette préparation présente, au contraire, des difficultés de détail qui la rendent en général très difficile et à peu près impossible pour les engrais saccharigènes. En effet, ces substances doivent au préalable être réduites en poudre aussi fine que possible, ce qu'on ne peut obtenir qu'à l'aide de moulins et de tamis. Les poudres obtenues ne sauraient être convenablement mélangées qu'au moyen de cylindres broyeurs, de malaxeurs et de blutoirs. Ces engins réclament l'intervention de forces mécaniques puissantes, sans lesquelles il ne faut pas espérer de pouvoir obtenir jamais des engrais bien préparés. Ce que les agriculteurs éclairés ont donc de mieux à faire, c'est de s'adresser à une maison de confiance qui aura tout intérêt à les servir consciencieusement. Ils devront aussi, surtout, se mettre en garde contre l'offre d'engrais à bon marché. Aucun marchand ne veut se ruiner, et le bas prix relatif d'une marchandise est généralement une présomption de mauvaise qualité.

PRÉCAUTIONS A PRENDRE
AU MOMENT
D'EMPLOYER LES ENGRAIS CHIMIQUES.

Les engrais chimiques, pour être expédiés, sont généralement renfermés dans des barils en bois; ils ont, comme tous les corps en poudre, la faculté de se tasser et de se prendre en masse. Il faut, avant de les employer, les réduire en poudre à l'aide du dos d'une pelle, d'un maillet ou d'un battoir. Il convient de les mêler avec une ou deux fois leur volume de terre fine et sèche, afin de pouvoir les répandre plus uniformément, car leur puissance est si grande qu'une accumulation sur un point pourrait *brûler* les plantes, pour nous servir d'une expression consacrée.

Nous indiquerons, à l'endroit de chaque numéro d'engrais, les précautions particulières qu'il convient de prendre au moment de son épandage. C'est généralement après les derniers labours qu'il faut répandre les engrais, comme s'il s'agissait d'un semis à la volée; après l'épandage, on herse avec soin pour mêler l'engrais à la couche superficielle du sol. Un temps calme et brumeux est le plus convenable pour cette opération; il faut ajourner l'épandage lorsqu'il fait un vent très-violent, parce qu'une partie de l'engrais serait emportée au loin et perdue pour le point où on veut le mettre. Dans la grande culture, il est préférable de se servir des machines inventées pour répandre les engrais pulvérulents. Un épandage bien également fait suffit pour élever le rendement de 2 à 3 hectolitres de blé par hectare.

Lorsque l'hiver a été rigoureux et qu'il s'est prolongé au delà de la limite ordinaire, les blés et généralement toutes les graminées sont souvent fort compromis : on a constaté qu'on pouvait avec 400 kil. par hectare du mélange suivant :

Sulfate d'ammoniaque.	100	400
Superphosphate de chaux. . .	100	
Plâtre.	200	

qu'on répand en couverture au commencement de mars, on pouvait, disons-nous, changer en quelques jours l'état d'une culture et assurer la récolte. L'effet des engrais en couverture a quelque chose de magique.

CONSERVATION

DES ENGRAIS CHIMIQUES.

Les engrais chimiques sont d'une conservation indéfinie; il suffit de placer les barils qui les contiennent dans un lieu sec. Nous avons dit qu'ils se prenaient en masse en s'agglomérant; mais il est facile de leur rendre l'état pulvérulent, à l'aide d'une pelle en fer ou d'un maillet. Leur inaltérabilité est un nouvel avantage qu'ils ont sur le fumier de ferme et autres, qui ne tardent pas à se réduire en terreau et à perdre ainsi les neuf dixièmes de leur valeur.

MOMENT FAVORABLE

D'EMPLOYER LES ENGRAIS CHIMIQUES.

Le moment le plus favorable pour l'épandage des engrais chimiques est variable, suivant les cultures auxquelles on les applique.

Comme ils ne doivent, pour agir, éprouver aucune décomposition préalable, il est bon, en général, de ne les répandre que quelques jours avant de semer. Pour les céréales, il vaut mieux les répandre en couverture au printemps, car on évite ainsi la déperdition qui aurait pu se faire pendant l'hiver, par suite du lavage de la terre par les eaux; depuis trois ans, M. Ville a même adopté ce système qu'il a perfectionné: il répand 600 kil. par hectare d'engrais complet n° 1 au printemps, lorsque le blé a atteint 10 centimètres de hauteur, et il donne à la plante un surcroît de sulfate d'ammoniaque dont il gradue la dose suivant le développement de la plante et l'état de la saison.

Lorsqu'on adopte cette méthode et qu'on répand les engrais en couverture, il faut choisir un temps calme et sec, afin que les jeunes feuilles étant sèches elles-mêmes n'arrêtent pas la poudre fertilisante, qui pourrait exercer sur leurs tissus une action nuisible. On donne ensuite un coup de herse, si cela est possible; s'il tombe de l'eau immédiatement après l'épandage, on est sûr d'obtenir de l'engrais le maximum d'effet utile.

Les engrais chimiques ainsi répandus en couverture, sur des cultures jeunes encore, peuvent souvent servir à sauver une récolte qui s'annonce mal, en donnant à la plante une vigueur nouvelle, qui lui permet de rattraper le temps qu'elle a perdu par suite de circonstances atmosphériques défavorables. C'est ainsi que 100 à 200 kil. par hectare de sulfate d'ammoniaque, répandus au printemps sur les blés dont les feuilles jaunes attestent la faiblesse, suffisent bien des fois pour assurer une récolte compromise. Dans l'avenir, les agriculteurs habiles sauront tirer un parti très-avantageux de ce mode d'emploi des engrais chimiques. Pour le moment, nous recommandons à ceux qui se proposent d'y recourir une très-grande prudence; car il faut craindre de dépasser le but et de faire verser la récolte, en rompant l'équilibre entre les divers éléments qui constituent les plantes.

La *betterave*, les *pommes de terre* peuvent aussi recevoir des fumures additionnelles, lorsque la saison est déjà avancée. On doit avoir soin, dans ce cas, de donner un binage immédiatement après avoir répandu l'engrais.

Lorsqu'on emploie les engrais chimiques en couverture, il est très-important d'attendre que les graines soient bien levées et que le plan ait déjà acquis une certaine force.

Pour les plantes qui doivent être repiquées, il faut répandre l'engrais quelques jours avant le repiquage, ou attendre que le plan soit bien repris, et ne le répandre qu'après, s'il n'a pas été possible de le faire avant.

Les engrais chimiques destinés aux *prairies irriguées*,

doivent être répandus au printemps, alors que la végétation commence à prendre son essor.

Pour les *prairies naturelles non irriguées*, il faut répandre à l'automne, après la dernière coupe.

Pour les *luzernières*, on opère de même; c'est toujours à l'automne, après la dernière coupe, qu'il faut donner les engrais chimiques, car ici, les racines étant pivotantes, il y a avantage à profiter des pluies d'hiver, qui font pénétrer l'engrais profondément dans le sol.

Pour que les engrais chimiques produisent tout leur effet, il convient que la terre ait été convenablement préparée. Cette précaution est nécessaire d'ailleurs avec tous les fumiers possibles. On a reconnu que les labours profonds sont l'une des conditions essentielles de succès, et que les labours trop superficiels ont les plus graves inconvénients : ils n'émiettent pas assez le sol et ne le rendent assez perméable ni aux racines ni aux eaux venant du ciel ou d'ailleurs.

Dans certaines contrées, on a la mauvaise habitude de ne donner au labour que huit à douze centimètres de profondeur. Ces couches arables sont évidemment insuffisantes; elles doivent être portées, de temps à autre, à trente ou quarante centimètres au moins, pour permettre aux plantes de végéter convenablement. Les substances minérales se trouvent dans la terre proportionnellement à l'épaisseur du sol arable; leur quantité serait doublée et triplée par des labours profonds qui offriraient aux assolements des conditions meilleures. La plus grande partie des cultivateurs qui pratiquent les labours superficiels ne veulent pas s'en départir, parce qu'ils craignent de ramener à la surface du sol des terres stériles. C'est une erreur, car l'emploi de la charrue sous-sol permet de remuer le sous-sol sans le ramener à la surface de la terre. L'expérience a depuis longtemps démontré que les labours profonds n'ont que des avantages et sont exempts des inconvénients que redoutent beaucoup de cultivateurs, s'appuyant sur un préjugé auquel il faut faire la guerre.

Une couche de huit à douze centimètres d'épaisseur est insuffisante, d'abord pour le développement des racines des plantes, ensuite pour les garantir, ici, contre la trop grande humidité, là, contre la trop grande sécheresse. La condition essentielle de trouver une couche de terre meuble assez profonde n'existe donc pas dans les terres labourées superficiellement, surtout pour le tabac, le colza, la féverolle, la luzerne, la betterave, les carottes et autres plantes dont les racines sont dites pivotantes; ni même pour les céréales, que l'on croit généralement végéter à la surface, mais dont les racines cependant descendent profondément en terre, toutes les fois qu'elles trouvent un sol ameubli et fertile.

Dans une couche arable de huit à douze centimètres de profondeur, les racines des plantes ne peuvent pas prendre le développement naturel; elles souffrent plus cruellement des intempéries. S'il pleut abondamment, les plantes sont noyées et l'eau s'écoule de la surface des champs en entraînant les matières solubles, les seules fertilisantes. Lorsque le beau temps survient, la terre trop imprégnée d'eau se prend en masse en se desséchant, et forme souvent une couche superficielle qui, manquant d'humidité, déchausse les racines et arrête toute végétation. Dans une couche arable de trente à quarante centimètres d'épaisseur, au contraire, les plantes trouvent les conditions convenables au développement de leurs racines, et celles-ci sont alors plus à l'abri des fâcheux effets de la sécheresse. Une couche de cette profondeur absorbe plus facilement et plus abondamment l'eau; en cas d'une pluie continue, les eaux pénètrent et s'y tiennent comme en réserve, et cela sans entraîner ni terre ni engrais.

Après la pluie, la terre, en se séchant, ne se prend plus en masse compacte, comme cela arrive lorsque le sol est trop humide. Survient-il une sécheresse prolongée, les racines des plantes, qui ont pénétré dans une couche profonde, y trouvent longtemps une humidité qui les fait prospérer. En résumé, un travail opiniâtre autant qu'intelligent est, en agriculture, une condition nécessaire de succès.

Les conseils qui précèdent ne nous appartiennent pas en propre; nous les avons puisés principalement dans les ouvrages de M. G. Ville. Nous les offrons aux agriculteurs qui n'ont ni le temps ni les moyens de recourir aux ouvrages de l'éminent professeur.

LES FORMULES

DES ENGRAIS CHIMIQUES

FROMENT ET CÉRÉALES

ENGRAIS COMPLET N° 1.

		Aux 100.kil.	Fumure à l'hectare.
FORMULE :	Superphosphate de chaux. . . .	34	400 kil.
	Nitrate de potasse..	17	200 »
	Sulfate d'ammoniaque.	20	250 »
	Sulfate de chaux.	29	350 »
		100	1.200 kil.

ou bien :

ENGRAIS COMPLET N° 1'.

Phosphate acide de chaux.	34	400 kil.
Chlorure de potassium à 80°. . .	17	200 »
Sulfate d'ammoniaque	32	390 »
Sulfate de chaux.	15	210 »
		1.200 kil.

Ces deux numéros, qu'on peut employer indifféremment, sont destinés à donner d'un seul coup la fertilité aux terres originairement pauvres ou épuisées par la culture. Ils permettent d'obtenir une bonne récolte de *froment* sur des terres qui, jusque là, n'avaient pu en porter. Leur effet se prolonge au-delà de la première récolte, et la culture peut ensuite être continuée au moyen d'engrais d'un prix moins élevé, dont on trouvera plus loin la formule.

Autrefois M. Ville conseillait de les employer à la dose de 1.200 kil. par hectare. La seconde année on avait recours à une dose de sulfate d'ammoniaque simple.

Mais depuis quelques années le savant professeur procède autrement.

D'abord, pour les céréales, il préfère décidément l'engrais complet n° 1', dont il restreint la dose à 600 kil. donnés à l'automne, se réservant la faculté de recourir au printemps à un supplément de sulfate d'ammoniaque si l'état des cultures le réclame. Avec cette manière d'opérer, chaque année la terre reçoit une fumure entière, et la fumure de l'année n'est plus solidaire de celle qui l'a précédée.

Mais laissons, au surplus, M. Ville exposer lui-même les avantages de la nouvelle méthode :

« A l'origine, j'employais les engrais chimiques en une seule dose, pour plusieurs années, comme on a coutume de le faire pour le fumier de ferme. Mais l'expérience n'a pas tardé à me faire apercevoir l'inconvénient de cette méthode. D'abord elle exige une avance de fonds considérable, et pour peu que l'année soit sèche, on ne retire pas de l'engrais le bénéfice qu'on était en droit d'en attendre. L'année est-elle humide? Avec les céréales, la verse est inévitable.

« Pour échapper à ce double écueil, j'ai eu recours « aux fumures alternantes.

« Prenons pour exemple les céréales :

		Dépense à l'hectare, prix de 1871.	
		fr.	
Première année. Engrais complet, n° 1.	1.200 kil.	307	50
Deuxième année. Matière azotée (sulfate d'ammoniaque).	300 »	135	»
Total.		442 fr.	50

« Soit en moyenne 221 fr. 25 par an.

« Cette manière d'opérer, très-supérieure à la première, exige cependant encore une avance de fonds importante à l'ouverture de l'assolement.

« J'ai cherché à la réduire, et j'y suis parvenu par une division mieux pondérée de l'engrais.

« Ce tableau, qui se rapporte toujours à une culture de froment, fera mieux comprendre le caractère et la portée de ce changement. J'observe seulement qu'au lieu d'être incorporés dans le sol, les engrais sont toujours employés en couverture.

		Dépense à l'hectare, prix de 1871.	
		fr.	
A l'automne. — Engrais complet, n° 1'.	600 kil.	150	»
Au printemps. — Rien, ou sulfate d'ammoniaque, 50, 100 ou 150 kil.	au maximum	75	»
Total.		225 fr.	»

« En admettant le cas où 150 kil. de sulfate d'ammoniaque seraient jugés nécessaires au printemps, la dépense totale ne dépasserait pas la moyenne de la dépense annuelle, d'après le premier système, et alors l'avance de la première année serait réduite de 82 fr. par hectare.

« Mais cette hypothèse est, je le répète, une exception ; car on peut souvent se passer de sulfate d'ammoniaque et six fois sur dix avoir recours à une dose inférieure à 150 kil.

« Expliquons pourquoi. Les conditions météorologiques influent beaucoup sur le produit des récoltes; elles contrarient ou favorisent l'action des engrais. Par une année sèche, une dose modérée d'engrais donne un meilleur résultat qu'une dose élevée. D'autre part, lorsque la terre a reçu un excès de minéraux, comme c'est le cas avec 1.200 kil. d'engrais complet, une partie échappe à la culture de l'année. Or pourquoi livrer au sol une richesse qui reste dans son sein à l'état de lettre morte?

« Les plantes jouissent d'une faculté d'absorption incomparable, dont aucun moyen physique ne peut donner l'idée.

« Lancez de l'eau d'égout, trouble et infecte, à la surface d'une prairie; elle n'a pas parcouru un espace de 10 mètres, qu'elle est devenue limpide et pure comme de l'eau distillée !

« C'est en m'inspirant de cette puissance d'absorption, ajoute M. Ville, que j'ai eu l'idée, pour les céréales au moins, de ne plus employer les engrais chimiques qu'en couverture, et de les répandre aux pieds de la plante, lorsque le chevelu des racines couvre le sol d'un véritable feutrage, me réservant en outre, par la division de l'engrais, la faculté de régler la dose de la matière azotée selon le caractère des saisons et l'état des cultures, ce qui multiplie les chances de succès et réduit en outre la dépense. »

Pour le Froment. . . . . . le Chanvre. . . . . . la Garance.	Il faut l'employer à la dose de 600 kil. à l'hectare (1) et un surcroît de sulfate d'ammoniaque au printemps.
Pour le Seigle. . . . . . . l'Orge. . . . . l'Avoine.	Il suffit d'en répandre à l'hectare 600 kil.
Pour les Prairies naturelles. les Gazons..	500 à 600 kil. suffiront par hectare.

Il donne aux fourrages une grande vigueur de végétation.

Pour l'Olivier. . . . . l'Oranger.	On l'emploie à la dose de 400 grammes par pied.
Pour le Câprier.	100 grammes suffisent.

ENGRAIS COMPLET N° 2.

BETTERAVES ET JARDINAGE

		Aux 100 kil.	Fumure à l'hectare.
FORMULE :	Superphosphate de chaux. . . .	34	400 kil.
	Nitrate de potasse.	16	200 »
	Nitrate de soude.	25	300 »
	Sulfate de chaux.	25	300 »
		100	1.200 kil.

(1) L'hectare étant composé de dix mille mètres carrés, en divisant ce nombre par dix mille, on a la quantité qu'il faut par mètre carré. Ceci est dit pour savoir combien il faut d'engrais pour un jardin qu'on mesure avec un mètre.

Cette composition est particulièrement destinée à la betterave.

Elle s'emploie pour ouvrir la rotation par cette racine à la dose de 1.200 kil. à l'hectare; les années suivantes, la culture se continue avec des engrais différents, comme nous l'indiquerons plus loin.

Cet engrais convient aussi très-bien au *jardinage* et à la culture des *fleurs*. Il faut l'employer, dans ce cas, à raison de 20 à 25 kil. à l'are, soit 200 à 250 grammes au mètre carré.

Pour Betteraves, Carottes et autres racines. .	à l'hectare, 1.200 kil.
Tabacs..	
Houblon..	

On doit répandre la moitié de la dose après le premier labour, et l'autre moitié après le second.

ENGRAIS COMPLET N° 2 BIS.

		Aux 100 kil.	Fumure à l'hectare.
FORMULE :	Superphosphate de chaux. . . .	31	400 kil.
	Nitrate de potasse..	15	200 »
	Nitrate de soude.	31	400 »
	Sulfate de chaux.	23	300 »
		100	1.300 kil.

Cet engrais est également destiné à la *betterave*. Il ne diffère du précédent que par une proportion d'azote plus élevée et doit être employé sur les terres qui ont plus particulièrement besoin de cet élément. Il permet alors d'obtenir un rendement plus élevé que le précédent. Il convient surtout pour ouvrir une rotation par la betterave, lorsque celle-ci doit être suivie de plantes épuisantes en azote.

ENGRAIS COMPLET SACCHARIGÈNE

		Fumure à l'hectare.
COMPOSITION :	Acide phosphorique soluble. . . .	80 kil.
	Potasse.	100 »
	Azote.	80 »

Cet engrais, plus riche que les précédents en phosphate et en potasse, en diffère encore par l'état tout spécial d'une partie de l'azote.

ENGRAIS COMPLET N° 3 BIS

POMMES DE TERRE

	Aux 100 kil.	Fumure à l'hectare.
Phosphate acide de chaux.	40	400 kil.
Nitrate de potasse.	20	200 »
Nitrate de soude.	10	100 »
Sulfate de chaux.	30	300 »
	100	1.000 kil.

Il est particulièrement destiné à ouvrir la rotation des cultures par les *pommes de terre;* il s'emploie à la dose de 1.000 kil. à l'hectare.

On pratique des sillons distants de 60 centimètres, au fond desquels on répand l'engrais mêlé avec son volume de terre; on place les tubercules ou semences et l'on couvre le sillon.

ENGRAIS COMPLET N° 4

VIGNE, ARBRES A FRUIT

	Aux 100 kil.	A l'hectare.
FORMULE : Superphosphate de chaux. . . .	40	600 kil.
Nitrate de potasse.	33	500 »
Sulfate de chaux.	27	400 »
	100	1.500 kil.

Destiné particulièrement à *la vigne*, on l'emploie à la dose de 1.500 kil. à l'hectare, ou de 200 grammes par pied de vigne. Pour les *treilles* de raisins de table, il faut élever la dose à 300 grammes par pied. Il convient aussi très-bien pour les *arbres fruitiers* et pour les *arbustes d'agrément;* il faut alors en porter la dose à 500 grammes, 1 kil., même 2 kil., suivant l'étendue de terre occupée par les racines.

Pour l'olivier, par pied, 400 grammes.

Mais à cet engrais M. Ville préfère aujourd'hui l'engrais complet n° 1', à la dose de 1.200 kil. par hectare.

Cette substitution se traduit par une économie énorme.

Pour la vigne, on répand la moitié de l'engrais sur le sol en traînées de 30 cent. de large et à 20 cent. des rangées de ceps, et on l'enterre à la bêche par un labour profond; le reste de l'engrais est répandu à la surface de la partie labourée. On peut encore pratiquer à la charrue, toujours à 20 cent. du cep, deux tranchées parallèles de 30 cent. de profondeur, répandre la moitié de l'engrais au fond de la tranchée, la recouvrir de terre et répandre le reste à la surface. On doit fumer la vigne en automne.

Pour l'olivier, on répand l'engrais autour de l'arbre, à 40 ou à 50 cent. du pied, et on l'enfouit à la bêche.

ENGRAIS COMPLET N° 5.

CANNE A SUCRE, SORGHO, TOPINAMBOURS, TURNEPS, NAVETS, RUTABAGA.

		Aux 100 kil.	A l'hectare.
FORMULE :	Superphosphate de chaux. . . .	50	600 kil.
	Nitrate de potasse.	17	200 »
	Sulfate de chaux.	33	400 »
		100	1.200 kil.

Cet engrais est surtout destiné aux plantes qui exigent beaucoup de phosphate et demandent peu d'azote, telles que les *navets*, le *turneps*, les *rutabagas*, les *topinambours*, le *sorgho*, le *maïs*, la *canne à sucre*.

Pour		
	Maïs.	1.200 kil. à l'hectare.
	Sorgho..	
	Topinambour. . .	
	Navets..	

Pour la canne à sucre, on doit préférer les engrais saccharigènes dont nous avons parlé dans le chapitre consacré à la culture coloniale.

Les agronomes les plus distingués admettent tous aujourd'hui que la maladie qui a sévi aux colonies sur la canne à sucre, a pour principale cause l'épuisement du sol en phosphate de chaux et en potasse, provoqué par l'abus des engrais azoté (guano, etc., etc.). On ne peut remédier à une pareille situation que par l'usage exclusif et soutenu d'un engrais riche en phosphate et en potasse : tel est l'engrais complet n° 5 (nouvelle formule). Par son emploi, on obtient à la Guadeloupe environ 85.000 kil. à l'hectare de canne à sucre. Ce résultat est concluant pour tout le monde.

ENGRAIS COMPLET N° 6

COLZA, CHOUX, CHANVRE

		Aux 100 kil.	A l'hectare.
FORMULE :	Superphosphate de chaux. . . .	31	400 kil.
	Nitrate de phosphate.	9	120 »
	Sulfate d'ammoniaque..	30	400 »
	Sulfate de chaux.	30	380 »
		100	1.300 kil.

Destiné surtout à ouvrir la rotation des assolements par le colza, on l'emploie pour cet usage à raison de 1.300 kil. à l'hectare.

Tous les engrais dont la composition précède sont dits complets, parce qu'ils renferment chacun les agents essentiels à l'entier développement des cultures pour lesquelles ils ont été composés : *potasse*, *chaux*, *phosphate*, *azote*. Ils ne diffèrent entre eux que par les doses de leurs composants, et les formes sous lesquelles ils y sont introduits. Employés aux doses que nous venons d'indiquer, tous permettent de cultiver du premier coup les plantes auxquelles ils sont destinés, dans les sols les plus pauvres, pourvu que ceux-ci aient été convenablement labourés et qu'ils soient dans des conditions physiques convenables, c'est-à-dire de chaleur, de lumière et d'humidité. Avec eux, la récolte dépend des soins plus ou moins intelligents que l'on donne aux cultures; mais, à égalité de soins, les engrais chimiques produisent toujours plus que le fumier de ferme employé aux doses les plus fortes; leur action n'est pas épuisée la première année, et il suffit ensuite d'employer des engrais moins dispendieux pour continuer les assolements que l'on a ouverts à leur aide. Nous ferons observer ici que leur durée dans le sol est nécessairement en raison inverse des récoltes obtenues, c'est-à-dire que les apports subséquents devront être d'autant plus forts que les premières récoltes auront été plus productives.

Si l'on possède du fumier de ferme, on peut l'employer en même temps que les engrais chimiques, dont on réduit alors la dose en proportion du fumier employé, et en tenant compte de ce que 100 kil. d'engrais chimiques équivalent en général à 2.000 kil. de fumier de ferme environ.

ENGRAIS INCOMPLET N° 1 (sans potasse)

		Aux 100 kil.	A l'hectare.
FORMULE :	Superphosphate de chaux....	40	400 kil.
	Sulfate d'ammoniaque......	35	350 »
	Plâtre...............	25	250 »
		100	1.000 kil.

Pour le Froment.	à l'hectare,	1.000 kil
» le Seigle.		
» l'Orge.	»	500 »
» l'Avoine.		
» la Prairie naturelle. .	»	400 »

Cet engrais diffère de l'engrais complet n° 1 par l'absence de la potasse; il convient aux céréales qui en demandent peu, surtout lorsqu'on aura reconnu que le sol en contient suffisamment; il s'emploie d'ailleurs de la même manière que l'engrais complet n° 1.

Pour les prairies, il est préférable de fractionner la dose et de faire un épandage après chaque coupe.

ENGRAIS INCOMPLET N° 2

POIS, FÈVES, FÉVEROLLES, LUZERNE, SAINFOIN

		Aux 100 kil.	A l'hectare.
Formule :	Superphosphate de chaux. . . .	40	400 kil.
	Nitrate de potasse.	20	200 »
	Plâtre.	40	400 »
		100	1.000 kil.

A l'engrais incomplet n° 2, on peut substituer avec avantage le suivant :

ENGRAIS INCOMPLET N° 2'

	Aux 100 kil.	Fumure à l'hectare
Phosphate acide de chaux..	40	400 kil.
Chlorure de potassium à 80°. . . .	20	200 »
Sulfate de chaux.	40	400 »
	100	1.000 kil.

Pour les prairies artificielles :

Trèfle.	à l'hectare, 1.000 kil.
Sainfoin. . . .	
Luzerne. . . .	
Féverolle. . .	

Ces deux engrais sont destinés à tous les végétaux qui ne demandent au sol que peu ou point d'azote, et chez lesquels la potasse agit comme *dominante*. Aussi convient-il aux prairies artificielles, à la fumure desquelles on doit l'employer de la même manière que le précédent, c'est-à-dire en fractionnant les doses ou en les utilisant au fur et à mesure des coupes.

Il est bon de noter qu'après un certain nombre d'années, les prairies artificielles tendent à se rapprocher du régime des prairies naturelles, par la nature des plantes qui les composent. Les légumineuses qui les constituent d'abord étant peu à peu remplacées par les graminées, il faut donc avoir recours, pour les prairies anciennes, à l'engrais complet n° 1.

Pour la luzerne, dont les racines descendent très-profondément, on doit fumer complétement en automne, afin que les pluies d'hiver puissent dissoudre l'engrais et l'entraîner dans les couches inférieures du sol.

Toute personne intelligente comprendra que les doses indiquées dans les formules qui précèdent ne peuvent avoir une fixité absolue. C'est à chaque agriculteur qu'il appartient de déterminer par l'expérience les doses que son sol exige pour fournir des rendements intensifs.

Nous recommandons, toutefois, de débuter par des

doses plutôt fortes que faibles, et de ne les diminuer que lorsque des essais, faits sur une petite échelle, en auront démontré la possibilité.

Nous avons résumé, dans le tableau suivant, tout ce qui vient d'être dit sur les engrais et sur leur emploi. On y trouvera, en regard de chaque culture, l'engrais qui lui convient le mieux ainsi que la dose à laquelle il faut l'employer.

Plantes cultivées.	Engrais à employer.	Dose à l'hectare.	
Arbres fruitiers. . .	Complet N° 4.	1500	K.
	Complet N° 1'.	1200	»
Arbustes.	Complet N° 1'.	1200	»
Avoine.	Complet N° 1.	600	»
	Incomplet N° 1.	500	»
	Sulfate d'ammoniaque. . .	200 à 300	»
Betteraves.	Complet N° 2.	1200	»
	Complet N° 2 bis.	1300	»
	Complet saccharigène. . .	1000	»
Cameline.	Complet N° 6.	1200	»
Canne à sucre. . . .	Complet N° 5 et 5 nouv. .	800	»
Câpriers.	Complet N° 4.	300 gr. par pied.	
Carottes.	Complet N° 2.	1200	K.
Chanvre.	Complet N° 1.	1200	»
	Complet N° 6.	1300	»
Choux.	Complet N° 2.	1200	»
Citronnier.	Complet N° 4	1500 500 gr. à 1 k. par pied.	
Colza.	Complet N° 6.	1300	K.
	Complet N° 1.	1200	»
	Incomplet N° 1.	1000	»
Coton.	Complet N° 5.	800	»
Culture potagère . .	Complet N° 2.	1200	»
Fèves.	Incomplet N° 2.	1000	»
Fèverolles.	Incomplet N° 2'.	1000	»
Fleurs.	Complet N° 4.	1500	»

Plantes cultivées.	Engrais à employer.	Dose à l'hectare	
Froment.	Complet N° 1.	1200	»
	Incomplet N° 1.	500	»
	Sulfate d'ammoniaque.	200	»
Haricots.	Incomplet N° 2.	1000	»
Houblon. Légumes des jardins maraîchers.	Complet N° 2.	1200	»
Lentilles. Lin. Lupins. Luzerne.	Incomplet N° 2.	1000	»
Maïs. Navets.	Complet N° 5.	1200	»
Œillette.	Complet N° 2.	1200	»
Olivier. Oranger.	Complet N° 4.	1200	»
Orge.	Complet N° 1.	600	»
Pelouse.	Sulfate d'ammoniaque.	200	»
Pois.	Incomplet N° 2.	1000	»
Pommes de terre.	Complet N° 2. Complet N° 3 bis.	1000	»
Prairies artificielles.	Incomplet N° 2.	1000	»
Prairies naturelles.	Complet N° 1.	600	»
Raves. Rutabagas.	Complet N° 5.	1200	»
Sarrazin.	Complet N° 1.	400	»
Sainfoin.	Incomplet N° 2.	1000	»
Seigle.	Complet N° 1.	1200	»
Sésame.	Complet N° 3 bis.	1000	»
Sorgho. Tabac. Topinambour. Turneps.	Complet N° 5.	1200	»
Trèfle. Vesces.	Incomplet N° 2.	1200	»
Vignes et plants.	Complet N° 5.	1200	»

CONDITION DE VENTE.

Les engrais chimiques sortis des usines de Nantes, de Marseille, de Porquerolles, sont livrés en fûts de 200 kil. lorsqu'ils sont à destination des colonies, et en sacs de 100 kil. lorsqu'ils sont expédiés à l'intérieur.

Ils sont vendus au gré des acheteurs à deux conditions :

Sur analyse au prix du cours;

Sous la garantie de notre marque.

MAIS UNE FOIS SORTIS DE NOS MAGASINS, AUCUNE RÉCLAMATION N'EST ADMISE. — CETTE CONDITION EST ABSOLUE.

A 30 JOURS SOUS LA BONIFICATION DE 2 P. 100 D'ESCOMPTE.

A 3 MOIS SANS ESCOMPTE.

N. B. Les sacs neufs sont comptés 1 franc l'un.

1551 — Paris. — Imprimerie CUSSET et Cie, rue Racine, 26.

MAÏS GÉANT (CONGÉNÈRE DE LA CANNE A SUCRE)

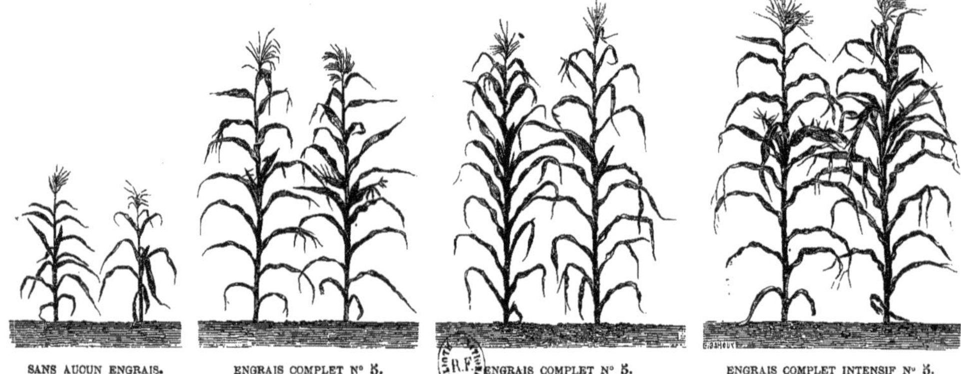

SANS AUCUN ENGRAIS. — ENGRAIS COMPLET N° 5. (Ancienne formule.) — ENGRAIS COMPLET N° 5. (Nouvelle formule.) — ENGRAIS COMPLET INTENSIF N° 5. (Nouvelle formule.)

REPRODUCTION PHOTOGRAPHIQUE DES TYPES DE M. G. VILLE.

www.ingramcontent.com/pod-product-compliance
Ingram Content Group UK Ltd.
Pitfield, Milton Keynes, MK11 3LW, UK
UKHW021651260726
13994UKWH00003B/1412

9 782329 400808